擠壓式成形機製茶操作
標準作業流程
擠壓茶也能做好茶

茶及飲料作物改良場 林儒宏、黃正宗、蘇宗振

序

團揉整形技術（布球式團揉），爲臺灣球形烏龍茶類加工的重要工序，例如：高山烏龍茶、凍頂烏龍茶、鐵觀音茶及紅烏龍茶等。在製茶過程中，團揉整形不但直接影響成茶之外觀形狀、色澤、製茶比率等，更直接與茶湯水色、香氣、滋味、乾燥烘焙等息息相關，是球形烏龍茶製程中非常重要的一環。

團揉整形的工法演變，最早爲以布包約 5 台斤茶葉，以全程「手揉」方式進行茶葉整形；隨後，加入了「腳揉」手腳並用的方式來提升團揉效率，每次約可團揉約 8 台斤茶葉。民國 70 年代由於茶葉生產需求量增加，各種團揉機械陸續研發，布球束包機與平揉機問世。自此，機械動力團揉取代全人力團揉，使得團揉的量能大大的提升，每次團揉茶葉重量可達 30 台斤。但是長期以人力操作束包機容易造成操作人員手部職業傷害，加上近年來專業製茶人力匱乏，臺灣中南部各茶區約自民國 99 年陸續引進擠壓式成形機，團揉整形機械出現了跳躍式的轉變，茶葉團揉量能更是產生跳躍式的提升，並大幅的節省團揉人力與時間。

時至今日，在球形烏龍茶團揉製程中，擠壓式成形機已成爲不可或缺的設備。由於擠壓成形機擠壓成形與布包團揉製作原理有非常大之差異，擠壓成形機單純「擠壓成形」，而布包團揉搭配使用平揉機則兼具布包成形與風味轉化之功能。因此，經過擠壓成形之成茶，雖具有省時、省力、外觀緊實、勻整、茶梗可包覆等優點；然而在勻整外觀之下，卻隱藏著茶湯清淡、滋味不足、帶有澀感、不易烘焙、品質不佳等缺失。在節省製茶人力的考量之下，因應茶葉產製與茶葉品質之需求，「讓擠壓茶也能是好茶」成爲一項亟需解決之課題。爲此，本場分別於民國 102～105 年、109～110 年進行擠壓成形機製茶之相關研究，經由產區實務訪查與印證，分析各茶區主要擠壓成形機使用狀況，透過不同模式擠壓成形試驗與茶葉品質評鑑，篩選出兼顧茶葉品質並符合製茶廠操作現況之擠壓成形機使用模式，並將試驗成果編印成冊，以供產業參考。

農業部茶及飲料作物改良場　場長

蘇宗振 謹識

中華民國 113 年 7 月

一、前言

臺灣特色茶之球形烏龍茶製造過程中之團揉（ball rolling-in-cloth or mass rolling）整形（modeling），在傳統採用布球式團揉，惟團揉整形技術不但直接影響後段成茶之外觀形狀、色澤、製茶比率等，更直接與茶湯水色、香氣、滋味、乾燥烘焙等息息相關，是球形烏龍茶製程中非常重要的一環。

目前在臺灣中南部主要製造球形烏龍茶區，因應人力短缺及爲減省工資和縮短整形時間，大約在於民國 99 年（2010 年）引進擠壓式成形機，以替代人工傳統布球式團揉整形。就完成團揉整形工序而言，不但可以有效縮短成形時間（約 6～8 個工作小時完成）、節省勞力，同時更可以避免從業人員因長時間工作而引發之職業傷害（手關節及腰間傷害）；另就產業發展面觀之，以擠壓式成形機取代人工傳統布球式團揉工藝，亦是一項重要的製程改變，其關係著臺茶產業的競爭力與未來發展。

目前經過擠壓成形之茶乾，具有外觀緊實、匀整、茶梗可包覆於葉片內及避免成熟葉黃化，可節省整形時間，提升初製茶比率等優點；然而在匀整外觀之下，卻隱藏著茶湯清淡、滋味不足、帶有澀感、不易烘焙、品質不佳等缺失（郭等，2013）。因此，爲讓擠壓茶也能是好茶，必須藉由調整擠壓次數、時間、壓力等條件，於擠壓成形過程克服上述現有常見的問題。

二、團揉整形的目的

條形之茶葉「半成品」經由團揉整形可將成茶外觀變成球形。團揉是以布巾包覆初乾回潤後之半成品，利用手工（圖 1）或機器（圖 2）反覆包揉、解塊、覆炒等程序，讓外觀逐漸形成球形。其目的如下：

1. 團揉除具有整形作用外，更因茶葉在仍保有溫度、水分之下，反覆包揉而提升成茶葉滋味濃稠度。
2. 以布巾包覆初乾過後的茶葉，可確保團揉時茶菁不會碎裂。傳統以布球包裹後用人力揉捻，現今逐漸地以束包機與平揉機等機械化取代手工，重複多次團揉使茶葉水分慢慢消散，外形漸緊實呈球形狀。團揉過程相當耗費時間，需經過反覆的覆炒、束包、平揉及解塊等步驟。

▼ 表 1　機械團揉與擠壓機團揉比較。

項目	機械團揉	擠壓成形機（全擠壓）
單顆團揉量（初乾茶）	約 25～50 台斤 / 顆	約 50～80 台斤 / 顆
總團揉時間	約 12～16 小時	約 6～8 小時
每工處理量（成茶）	約 100～150 台斤 / 日	約 200～400 台斤 / 日
自動化流程	無	半自動、全自動
優點	茶葉風味轉化，滋味及韻味較佳	省時、省工、高效率
缺點	耗時、費工、效率較低、職業傷害	茶葉風味香氣滋味較淡

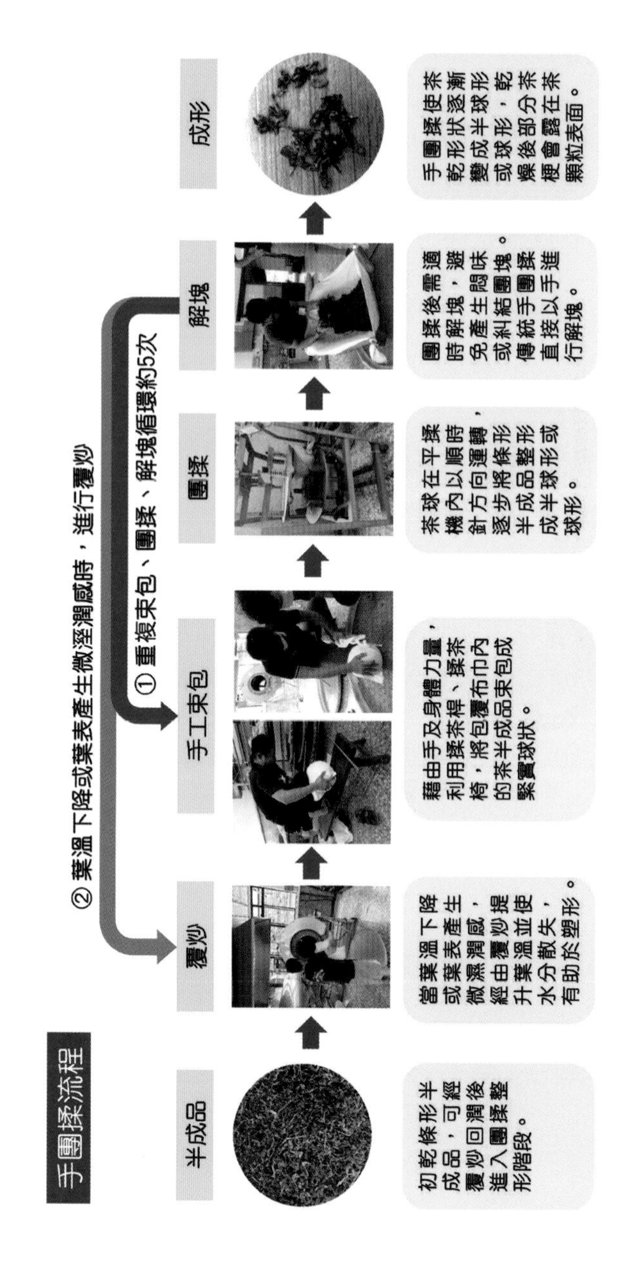
手團揉流程
② 葉溫下降或葉表產生微溼潤感時，進行覆炒
① 重複束包、團揉、解塊循環約5次
半成品
覆炒
手工束包
團揉
解塊
成形
初乾條形半成品，可經覆炒回潤後進入團揉整形階段。
當葉溫下降或葉表產生微濕潤感，經由覆炒提升葉溫並使水分散失，有助於塑形。
藉由手及身體力量，利用揉茶桿、揉茶椅，將包覆布巾內的茶半成品束包成緊實球狀。
茶球在平揉機內以順時針方向運轉，逐步將條形半成品整形成半球形或球形。
團揉後需適時解塊，避免產生悶味或糾結團塊。傳統手團揉直接以手進行解塊。
手團揉使茶乾形狀逐漸變成半球形，乾燥後部分茶梗會露在茶顆粒表面。

圖 1　手團揉流程。

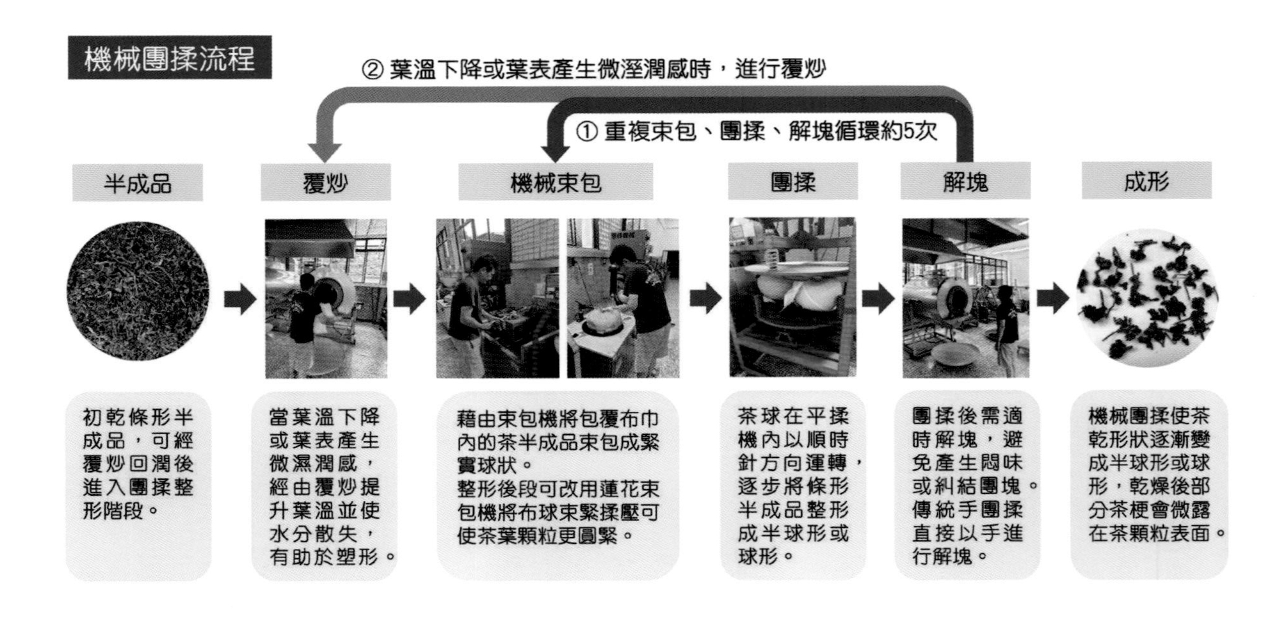
機械團揉流程
② 葉溫下降或葉表產生微溼潤感時，進行覆炒
① 重複束包、團揉、解塊循環約5次
半成品
覆炒
機械束包
團揉
解塊
成形
初乾條形半成品，可經覆炒回潤後進入團揉整形階段。
當葉溫下降或葉表產生微濕潤感，經由覆炒提升葉溫並使水分散失，有助於塑形。
藉由束包機將包覆布巾內的茶半成品束包成緊實球狀。
整形後段可改用蓮花束包機將布球束緊揉壓可使茶葉顆粒更圓緊。
茶球在平揉機內以順時針方向運轉，逐步將條形半成品整形成半球形或球形。
團揉後需適時解塊，避免產生悶味或糾結團塊。傳統手團揉直接以手進行解塊。
機械團揉使茶乾形狀逐漸變成半球形或球形，乾燥後部分茶梗會微露在茶顆粒表面。

圖 2　機械團揉流程。

在民國 100 年（2011 年）後擠壓式成形機逐漸廣泛使用，也造成傳統團揉（圖 2）製程被擠壓式成形機（圖 3）所取代。如覆炒過程由原來炒菁機逐漸被甲種乾燥機取代，團揉過程中也少用平揉機，造成茶湯滋味偏淡。目前對於改善擠壓機團揉流程，建議先以擠壓式成形機整形及縮小體積，之後再配合傳統製程用蓮花束包機與平揉機完成整形作業（郭等，2013；郭等，2014）。

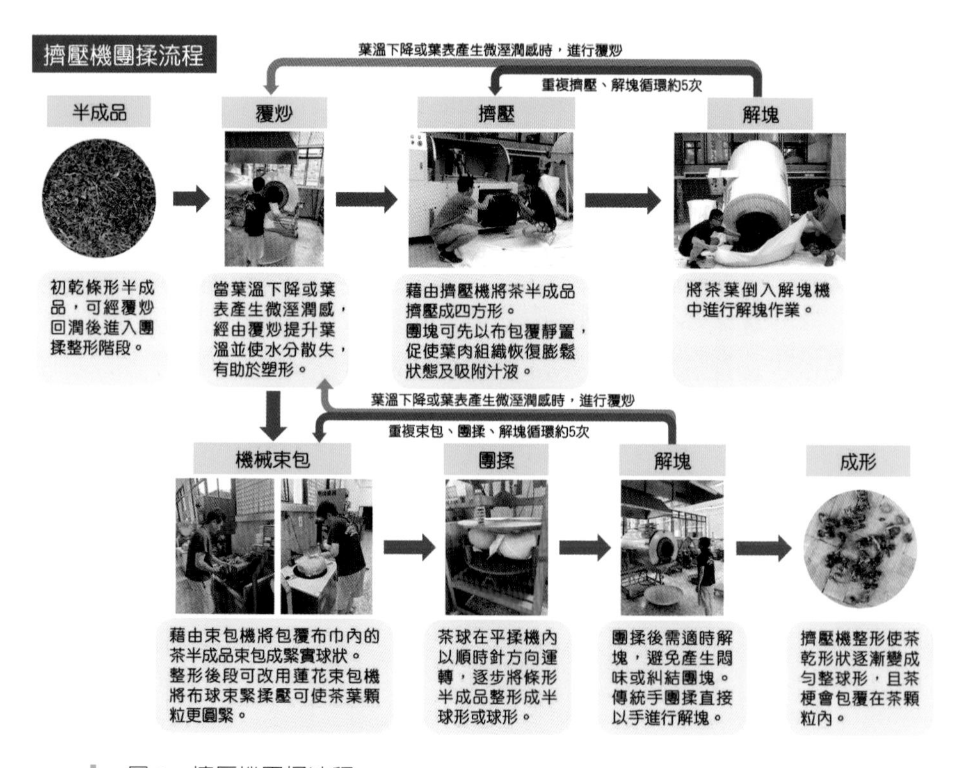

圖 3　擠壓機團揉流程。

三、擠壓式成形機相關試驗

基於擠壓式成形機已普遍使用於中南部各茶區，惟國內擠壓式成形機亦有許多不同廠牌與型式之機型，雖其操作原理皆相同，但因廠牌及型式之不同，其操作條件亦會有所差異。

經訪詢使用各不同廠牌或不同型式擠壓式成形機之製茶廠或茶農，均表示所使用之擠壓機，其機件結構簡單，使用過程中甚少發生故障，且茶農對使用操作參數及前段茶菁日光萎凋及攪拌發酵過程如何與擠壓式成形機配合，提升成茶品質，皆各有一套搭配流程，惟欠缺科學性的標準作業流程（SOP）。

目前在眾多擠壓成形製茶流程中，仍常出現茶湯清淡、滋味不足、帶有澀感、不易烘焙等缺點（郭等，2013）。爲此，進行探討擠壓式成形機製茶之擠壓參數，如前段茶菁萎凋、攪拌、炒菁等，及如何與擠壓機操作之方式、壓力、時間、解塊等配合；或探討擠壓機與其他成形機搭配使用等之可行性，以解決目前爲省工而使用擠壓式成形機所導致的品質上之不足；依此進而建立「擠壓成形製茶」標準操作模式、改善或連結自動設備、改善製茶廠之工作環境、創造優質工作條件，導入安全衛生製茶體系，是爲重要的課題。

擠壓成形製茶流程處理：

A 處理：先擠壓後包揉成形

茶菁初乾後靜置回潤，次日將初乾半成品以乾燥機加熱至軟化→擠壓→靜置→解塊（重複約 3～4 次，擠出茶梗水分）→焙乾表面水分→再擠壓→靜置→解塊→重複以上擠壓解塊至茶梗包覆於葉內（2～3 輪，每輪重複約 3～4 次，擠出茶梗水分），外觀具有半球芻形→蓮花機束包→平揉→解塊（重複約 4～6 次）→複炒→再蓮花機束包→平揉→解塊（1～2 輪，每輪重複約 4～6 次至外觀半球緊實止）→布巾束包後靜置定形→乾燥→成品（全程約 8～10 小時）。

B 處理：先包揉後擠壓再包揉成形

茶菁初乾後靜置回潤，次日將初乾半成品以乾燥機加熱至軟化→束包機束包→平揉→解塊（1～2 輪，每輪重複約 4～6 次）→改用擠壓機擠壓→靜置→解塊（2～3 輪，每輪重複約 3～4 次，擠出茶梗水分後焙乾表面水分）→束包機束包→平揉→解塊（1～2 輪，每輪重複約 4～6 次）→蓮花機束包→平揉→解塊（1～2 輪，每輪重複約 4～6 次至外觀半球緊實止）→布巾束包後靜置定形→乾燥→成品（全程約 10～14 小時）。

C 處理：全程擠壓成形

茶菁初乾後靜置回潤，次日直接將初乾半成品→擠壓→靜置→解塊（重複約 3～4 次，擠出茶梗水分）→焙乾表面水分→

再擠壓→靜置→解塊→（2～3 輪，每輪重複約 3～4 次，擠出茶梗水分）→重複以上擠壓、解塊（3～4 輪，每輪重複約 3～4 次，至擠成球形）→布巾束包後靜置定形→乾燥→成品（全程約 6～8 小時）。

經多年試驗實務操作，目前在擠壓式成形機操作時，較爲適當之擠壓壓力與固壓時間設定，首輪起始擠壓壓力設定約 75～85kg/cm^2，往後每輪擠壓逐輪增加 15～25kg/cm^2，最終總壓力以不超過 180kg/cm^2 爲宜。擠壓時間設定約 30～90 秒之間，由首輪固壓時間約 30～40 秒，中段擠壓製程固壓時間約 50～60 秒，後段擠壓製程固壓時間約 60～90 秒。

製茶試驗茶樣依感官品評結果，在相同季節之不同處理下，其水色及香氣差異不明顯。但在外觀上有較明顯之區別，A 處理「先擠壓再包揉」，茶梗包覆狀態佳，且第四、五葉之成熟葉不會有黃化現象，故顯現極爲圓緊整齊之外觀形狀及色澤；B 處理「先包揉後擠壓再包揉」，成熟葉（第四、五葉）因加溫包揉而呈現黃化現象，黃片隨同枝梗緊貼茶葉顆粒而外露（郭等，2013）。

不同處理茶樣除外觀枝梗及黃片具有明顯差異外，茶樣枝梗及黃片可撿出率亦顯著不同，A 處理茶梗先被壓曲皺縮，後續包揉時，葉片將已呈縐縮之茶梗包覆於葉片或心芽內，故茶乾枝梗無法挑除，影響後續烘焙，且茶梗及成熟葉滋味濃稠感不足，定量下之茶湯品質滋味較淡且帶有澀感；B 處理先進行包揉，心芽及第一、二葉先行捲曲，成熟之老葉片則因高溫複炒及包揉而呈現黃化，後續進行擠壓及包揉時茶梗及黃片，則捲曲於已成形之心芽、嫩葉外側，故茶乾枝梗及成熟葉皆得以撿除，有助後續烘焙效益，及延長茶葉保存與品質穩定度，在定量下之茶湯品質濃稠度亦相對較佳（郭等，2015）。

茶商對毛茶沖泡後之葉底枝梗及成熟葉顯露，茶湯滋味偏淡及帶澀等亦多有反應；茶農爲因應品質改善，對製程前段茶菁日光萎凋及攪拌發酵等均有加深，以配合後段擠壓成形機操作以達到品質提昇的效果。

四、團揉整形試驗

(一) 試驗方法

以 7 種不同團揉試驗，試驗處理如下：

A. 全擠壓 6 次

B. 擠壓 5 次 + 束包團揉 1 次

C. 擠壓 4 次 + 束包團揉 2 次

D. 擠壓 3 次 + 束包團揉 3 次

E. 擠壓 2 次 + 束包團揉 4 次

F. 擠壓 1+ 束包團揉 5 次

G. 全束包機 6 次

每次團揉後進行取樣，共計 6 次。

（二）結果與討論

本試驗整合新型擠壓式成形機及傳統布球團揉整形機二者之優點，以改善團揉整形技術之可行性、解決目前大量使用擠壓成形機所導致之老葉枝梗包裹於成茶之中、茶湯滋味淡薄、粗苦澀感、不易烘焙去除水分等缺點。結果顯示，A、B、C 處理前半段以擠壓方式整形，使茶菁半成品水分擠壓而大量增加，因而導致後半段出現水分迅速減少，也造成茶可溶分、總多酚、游離胺基酸化學成分快速減少，影響品質優劣；D 處理則前半段施以擠壓機和後半段再施行束包機進行團揉試驗，改善了部分缺點，E、F、G 增加束包機進行團揉試驗處理，半成品水分擠壓程度獲得改善，後半部進行束包機進行團揉，茶半成品之水分與化學成分損失減低，有利後續加工烘焙製程（如表 2、圖 4～9）。

球形烏龍茶以擠壓成形機進行團揉整形，製作成清香型烏龍茶，因僅需要焙乾，不需要進行後續長時間烘焙加工，還可維持其風味與品質，但是成茶經過儲藏久放之後，還是容易出現悶、陳、酸的風味，是不利於成茶後氧化作用；若進行製作焙香型球形烏龍茶，因爲需長時間多次數烘焙處理，因強力的擠壓導致成茶過度緊實，葉內水分包裹於茶中而不利焙茶走水散失，容易造成內容物劣變，造成成茶茶湯淡薄、韻味不足、無活性等缺失出現，失去特色風味不利品質提升。

建議球形烏龍茶製茶方式仍以布球團揉爲主，但考量現今目前製茶業者成本及人力的因素，以「擠壓成形機＋布球團揉整形機」二種機具共同團揉整形並行，爲較符合人力與品質兼顧之操作方式，除了克服茶區勞動力不足、省時省工省能，也能維持成茶品質（蔡等，2021）。

試驗結果推薦如下：

1. 因清香型球形烏龍茶成茶以原茶香爲主，後續烘焙需求較低，若在人力無法配合狀況之下，仍可採用全擠壓機進行擠壓整形，惟建議在最後 2～3 輪擠壓成形階段應適當降低固壓壓力，降低茶葉緊實度，以利最後乾燥製程，讓茶葉容易達足乾之狀態，避免因茶葉過度緊實，造成茶葉外部達到足乾，內部乾燥度不足，出現所謂「金包銀」之缺點，影響茶葉品質。
2. 焙香型烏龍茶因爲需長時間多次數烘焙處理，爲避免因成茶過度緊實，造成後續烘焙困難，建議以「擠壓成形機＋布球團揉整形機」之方式進行團揉整形，且在後期布球團揉整形階段應降低布球束包之力度，讓成茶外觀不會過度緊實，且保有適當之鬆緊度，以利烘焙製程進行再乾、去雜、增加茶葉之風味。

▼ 表 2　擠壓機與束包機團揉試驗感官品評表

團揉處理	形狀 10%	外觀 10%	水色 20%	滋味 30%	香氣 30%	總分 100%	評　語
A	6.0	7.0	10.0	22.0	19.5	64.5	淡悶濁澀雜
B	6.0	7.0	10.0	22.5	19.8	65.3	淡悶濁
C	6.2	7.2	10.0	22.5	20.1	66.0	淡悶
D	6.2	8.0	12.0	22.5	21.6	70.3	香微悶
E	6.5	8.0	14.0	22.5	22.5	73.5	香醇
F	6.8	8.5	14.4	23.0	22.8	75.5	香醇厚
G	7.0	8.5	15.5	24.0	22.8	77.8	活性高香醇

註：取3公克成茶進行標準沖泡。A. 全擠壓6次、B. 擠壓5次 + 束包1次、C. 擠壓 4 次 + 束包 2 次、D. 擠壓 3 次 + 束包 3 次、E. 擠壓 2 次 + 束包 4 次、F. 擠壓 1+ 束包 5 次、G. 全束包機 6 次。

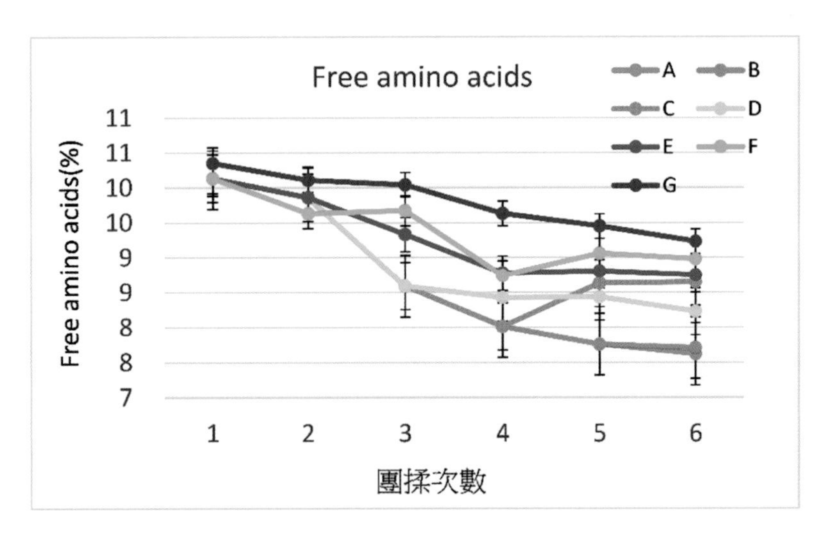

圖 4　以不同團揉試驗對游離胺基酸含量變化之比較。

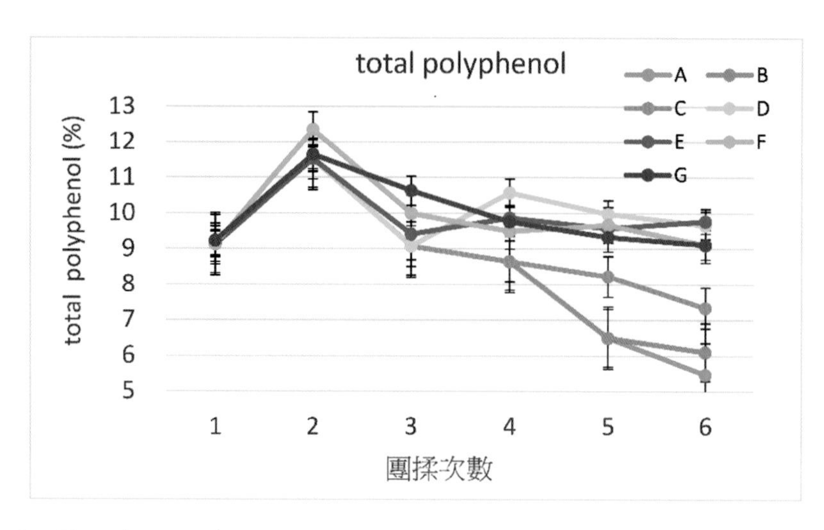

圖 5　以不同團揉試驗對總多元酚含量變化之比較。

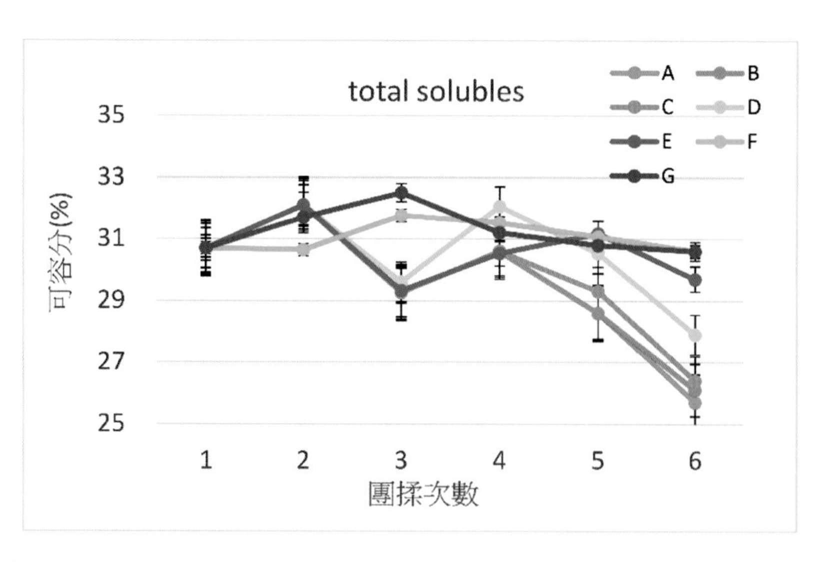

圖 6　以不同團揉試驗對總可溶分含量變化之比較。

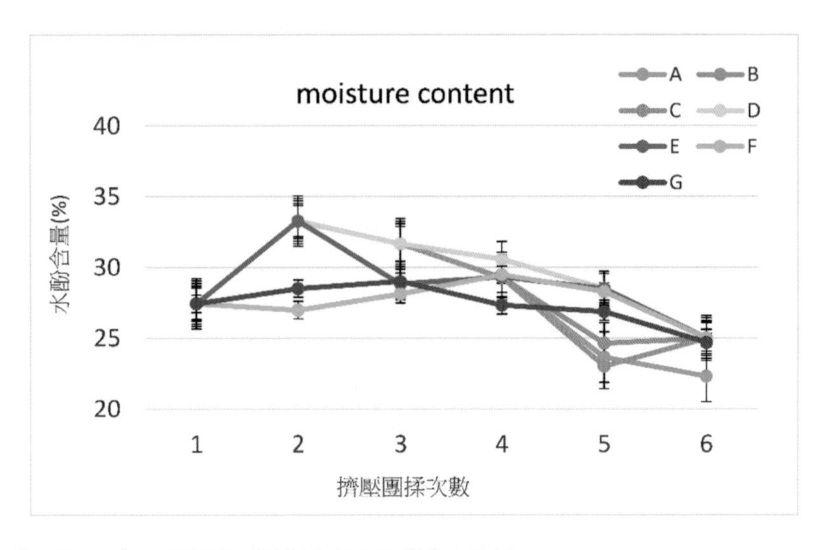

圖 7　以不同團揉試驗對水分含量變化之比較。

圖 8　自動束包機不同團揉次數之成茶外觀與茶湯水色

圖 9　綜合團揉試驗之成茶外觀與茶湯水色

五、擠壓機與布球團揉整形機組合操作標準化流程

（一）「先包揉後擠壓再包揉成形」為最佳

茶菁初乾後靜置回潤，次日將初乾半成品以乾燥機加熱至軟化→束包機束包→平揉→解塊（1～2 輪，每輪重複約 4～6 次）→改用擠壓機擠壓→靜置→解塊（2～3 輪，每輪重複約 3～4 次，擠出茶梗水分後焙乾表面水分）→束包機束包→平揉→解塊（1～2 輪，每輪重複約 4～6 次）→蓮花機束包→平揉→解塊（1～2 輪，每輪重複約 4～6 次至外觀半球緊實止）→布巾束包後靜置定形→乾燥→成品（全程約 10～14 小時）。

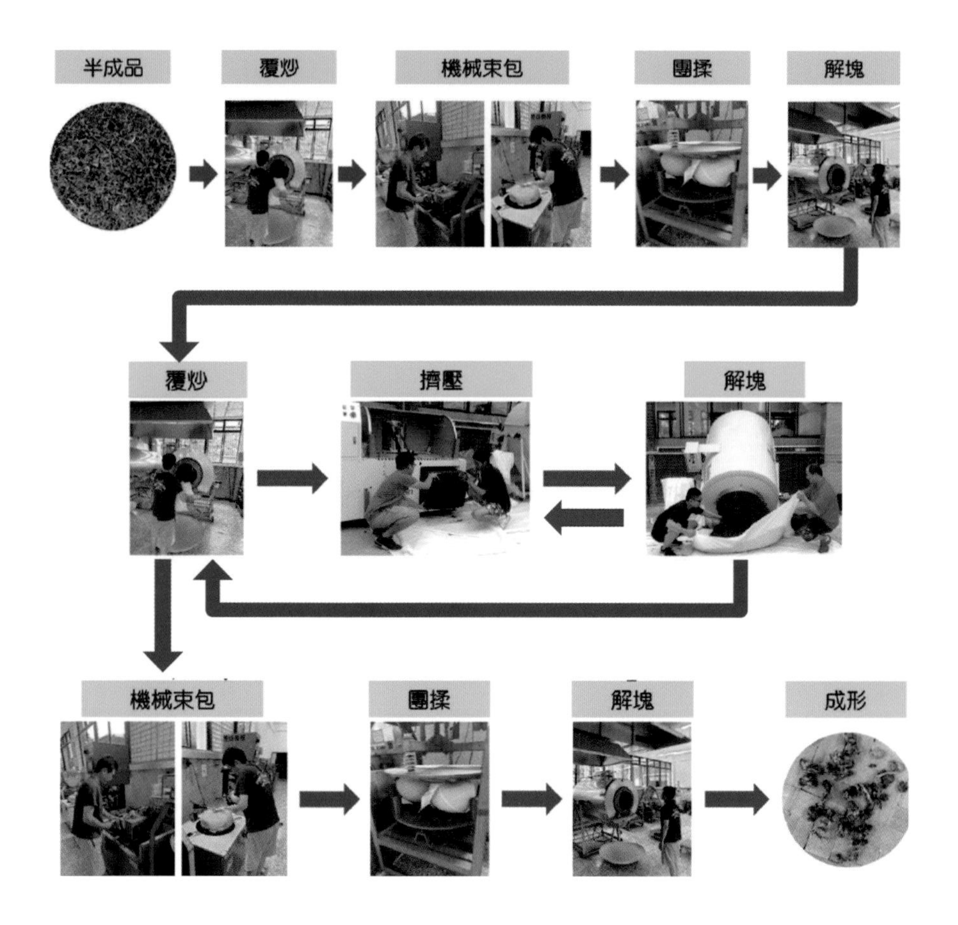
半成品
覆炒
機械束包
團揉
解塊
覆炒
擠壓
解塊
機械束包
團揉
解塊
成形

（二）「先擠壓後包揉成形」爲次之

茶菁初乾後靜置回潤，次日將初乾半成品以乾燥機加熱至軟化→擠壓→靜置→解塊（重複約 3～4 次，擠出茶梗水分）→焙乾表面水分→再擠壓→靜置→解塊→重複以上擠壓解塊至茶梗包覆於葉內（2～3 輪，每輪重複約 3～4 次，擠出茶梗水分），外觀具有半球芻形→蓮花機束包→平揉→解塊（重複約 4～6 次）→複炒→再蓮花機束包→平揉→解塊（1～2 輪，每輪重複約 4～6 次至外觀半球緊實止）→布巾束包後靜置定形→乾燥→成品全程約（8～10 小時）

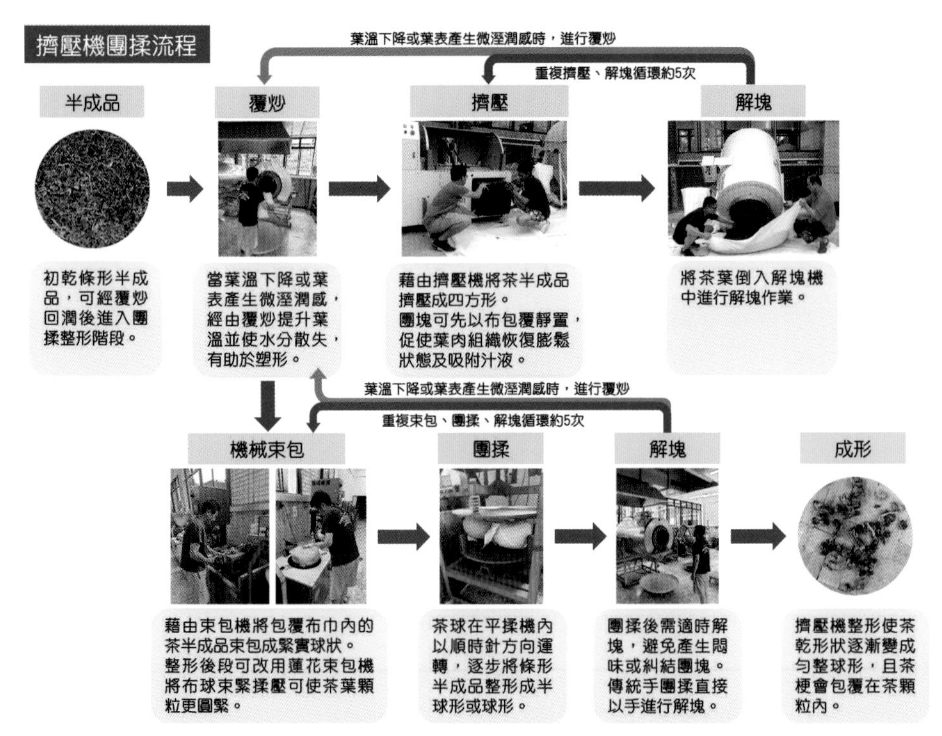

（三）「全程擠壓成形」

茶菁初乾後靜置回潤，次日直接將初乾半成品→擠壓→靜置→解塊（重複約 3～4 次，擠出茶梗水分）→焙乾表面水分→再擠壓→靜置→解塊→（2～3 輪，每輪重複約 3～4 次，擠出茶梗水分）→重複以上擠壓、解塊（3～4 輪，每輪重複約 3～4 次，至擠成球形）→布巾束包後靜置定形→乾燥→成品（全程約 6～8 小時）。

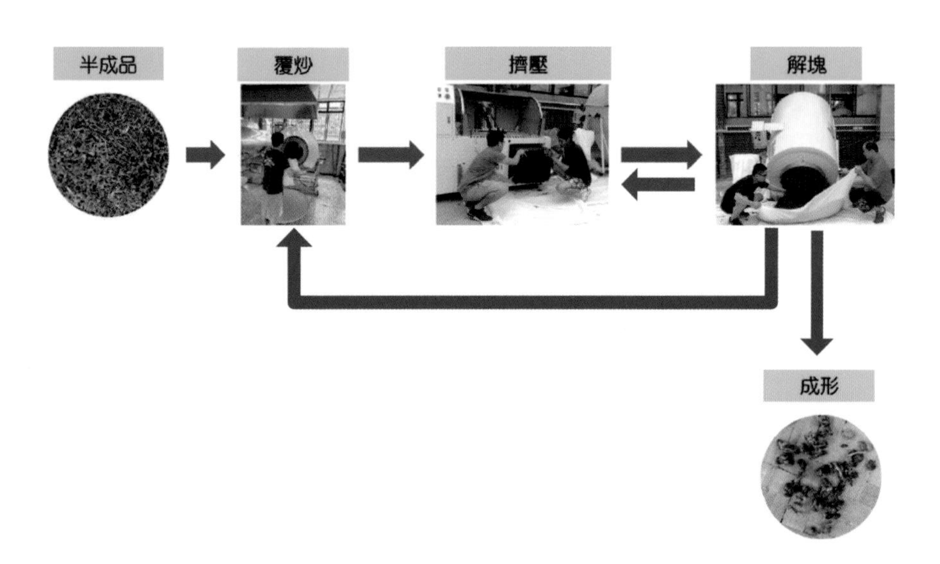

六、結論

（一）初乾時半成品水分掌握

爲了縮短團揉工時，往往第一輪擠壓成形時會提高固壓壓力，加速使茶葉成形，卻造成茶葉汁液過度滲出、茶葉結成團塊，使得成茶產生悶味及菁雜味等缺點。因此，製茶師會於炒菁或初乾時以降低半成品水分的方式避免此缺點出現，但是若過度減少半成品水分，卻又會造成茶葉滋味淡薄、飽滿度不足之缺點。所以初乾時半成品含水量的掌握以及第一輪擠壓機壓力之調控與搭配就極爲重要。

（二）溫度時間掌握

每輪擠壓成形或布球團揉前都需以炒菁機或乾燥機預熱半成品或加熱降低茶葉水分，因此針對不同輪擠壓或團揉，需根據該階段茶葉水分含量狀況進行加熱溫度與加熱時間之掌控。乾燥速度過快，造成茶葉不易擠壓成形、茶葉破碎、茶葉顏色偏黃等缺點；乾燥速度不足，則茶葉產生悶濁、菁雜等缺點。

（三）擠壓成形壓力掌握

每輪使用擠壓成形機，其固壓壓力採逐漸增加方式進行，而每次增加之壓力多寡，需視茶葉現況進行微調。例如，擠壓成形前期若提高固壓力道，雖可加速茶葉半成品成形，但是可能使得成茶被壓扁，後期不易呈緊實球形，茶葉出現悶味及菁雜味等缺點。

（四）茶葉成形緊實程度掌握

團揉之目的除了將茶葉外形由條形轉變爲球形外，並藉由此外形轉變製程促進風味轉化及韻味提升，但是若一味追求漂亮的緊實外觀，而未適度控制成茶的緊實度，緊實程度過高反而會使得成茶乾燥不易、加大烘焙的難度，茶葉品質容易出現缺失。

（五）茶葉乾燥度掌握

使用擠壓成形機取代傳統團揉時，成茶緊實度往往會偏高，在成茶最後乾燥階段，需注意乾燥溫度之掌握，建議勿先以高溫進行乾燥，以免造成成茶表面足乾而內部乾燥度不足之問題，導致茶葉保質期縮短、提早劣變。

七、參考文獻

1. 郭寬福、林儒宏、蔡政信、簡靖華、陳國任、林金池。2013。擠壓成形與布球團揉對球形包種茶品質差異之探討。茶業改良場 102 年報。
2. 郭寬福、林儒宏、蔡政信、簡靖華、陳國任、林金池。2014。擠壓成形與布球團揉對球形包種茶品質差異之探討。茶業改良場 103 年報。
3. 郭寬福、林儒宏、蔡政信、簡靖華、陳國任、林金池。2015。擠壓成形與布球團揉對球形包種茶品質差異之探討。茶業改良場 104 年報。
4. 臺灣製茶學。2023。行政院農業委員會茶業改良場（現爲農業部茶及飲料作物改良場）編印。
5. 蔡政信、簡靖華、劉千如、黃正宗。2020。球形茶省工整形技術之研發與改良。茶業改良場 109 年報。
6. 蔡政信、簡靖華、劉千如、黃正宗。2021。球形茶省工整形技術之研發與改良。茶業改良場 110 年報。

國家圖書館出版品預行編目(CIP)資料

擠壓式成形機製茶操作標準作業流程：擠壓茶也能做好茶 / 農業部茶及飲料作物改良場編著. -- 初版. -- 臺北市：五南圖書出版股份有限公司, 2024.07
面； 公分
ISBN 978-626-393-524-2(平裝)

1.CST: 茶葉 2.CST: 製茶

439.46 113009746

5N70

擠壓式成形機製茶操作標準作業流程：擠壓茶也能做好茶

發 行 人 — 蘇宗振
主　　編 — 林儒宏、黃正宗
著　　作 — 蘇宗振、黃正宗、林儒宏、蔡政信
編　　審 — 蘇宗振、邱垂豐、吳聲舜、黃正宗、林儒宏、史瓊月
發行單位 — 農業部茶及飲料作物改良場
地址：326 桃園市楊梅區埔心中興路 324 號
電話：(03)4822059
網址：https://www.tbrs.gov.tw
出版單位 — 五南圖書出版股份有限公司
美術編輯 — 何富珊、徐慧如、劉好音
印　　刷：五南圖書出版股份有限公司
地　　址：106 台北市大安區和平東路二段 339 號 4 樓
電　　話：(02)2705-5066　　傳　　真：(02)2706-6100
網　　址：https://www.wunan.com.tw
電子郵件：wunan@wunan.com.tw
劃撥帳號：01068953
戶　　名：五南圖書出版股份有限公司

法律顧問　林勝安律師

出版日期　2024 年 7 月初版一刷
定　　價　新臺幣 100 元

擠壓式成形機製茶
操作標準作業流程

GPN碼：1011000479